蕾丝布语

35款唯美蕾丝手作

Eve ◎著

Lazack ◎摄影

河南科学技术出版社

·郑州·

台湾精诚资讯股份有限公司—悦知文化授权河南科学技术出版社在中国大陆（台港澳除外）独家出版本书中文简体字版，本著作物之专有出版权为精诚资讯股份有限公司—悦知文化所有。

版权所有，翻印必究。

著作权合同登记号：图字16—2012—024

图书在版编目（CIP）数据

蕾丝布语：35款唯美蕾丝手作/Eve著. —郑州：河南科学技术出版社，2012.10
ISBN 978-7-5349-5947-9

Ⅰ.①蕾… Ⅱ.①E… Ⅲ.①布料-手工艺品-制作 Ⅳ.①TS973.5

中国版本图书馆CIP数据核字（2012）第184532号

出版发行：河南科学技术出版社

地址：郑州市经五路66号　邮编：450002

电话：（0371）65737028　65788613

网址：www.hnstp.cn

策划编辑：刘　欣

责任编辑：刘　瑞

责任校对：张小玲

封面设计：张　伟

责任印制：张艳芳

印　　刷：北京盛通印刷股份有限公司

经　　销：全国新华书店

幅面尺寸：190 mm × 240 mm　　印张：7.5　　字数：130千字

版　　次：2012年10月第1版　　2012年10月第1次印刷

定　　价：36.00元

如发现印、装质量问题，影响阅读，请与出版社联系。

作者 序

曾经，我非常讨厌蕾丝。

小时候的我，个头在同龄的孩子里总是鹤立鸡群，也不是长相可爱甜美的孩子。将缀着蕾丝的洋装套在我身上，只显得突兀，而父母亲却总是不顾我的意愿与尴尬，将我的衣柜塞满蕾丝洋装，让我每次学校活动有站在台上的机会时，都想现场哭出来。

当终于能为自己的衣着做主时，我将衣橱里缀有蕾丝的所有衣物全都捐了出去，发誓在我的衣橱里绝不会再有它们的存在。但，话还真不能说太早啊！

三十过后，某次无意间接触到棉麻蕾丝，爱不释手，只得乖乖将前言吞下肚，默默地开始将喜欢的蕾丝收集起来。

也许经过时间的打磨，三十后的我，锐角钝了一点点，回头看到蕾丝，却直想到温暖与甜美。突然领悟，也许当年父母亲不许我拒绝、一味塞给我他们认为美好的事物（如蕾丝），只是他们直觉地想要将这些代表美好本质的东西全都给我。

现在，我的衣物上仍然少有蕾丝，但蕾丝却悄悄出现在我的包包、日用的布物上，就像是童年温暖的延伸。

虽然除了围巾外，没再将蕾丝缀在身上，但我对这一码码漂亮的小物还是无法抗拒的。当我老爸终于出手阻止我将他的桌巾布边缝上蕾丝时，这让我有种变态的胜利感，年过三十，蕾丝的逆袭大获全胜。

蕾丝款式千万种，相信大家都有自己中意与钟爱的，我在书中提供了一些包款与小物做法，读者不妨用自己喜爱的蕾丝组合排列，创作出自己最觉温暖的作品。

|目录|

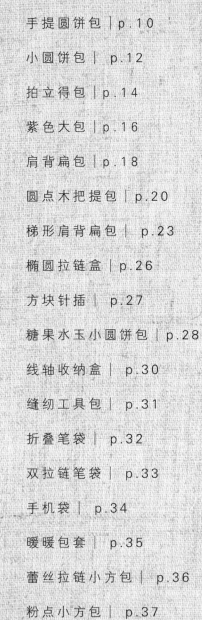

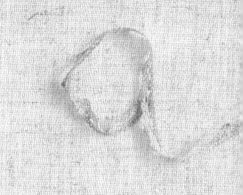

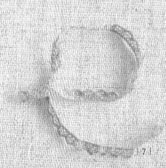

不再是既定印象中俗艳狂放的蕾丝，

织带、饰带、蕾丝片、布蕾丝、蕾丝贴布……

美好的手作，气质的呈现，

而这才发现，

原来蕾丝可以和布这么完美地搭配！

将小圆饼包放大,
拼凑手边收藏的蕾丝布标,
虽然随性,却依然保有女孩的秀气。

制作方法 **p.62**

小圆饼包

使用不同的布料与配色，
为这个版型带来许多变化，
如果制作时，将提耳的织带或布条穿入D形环，
小圆饼包也可变身为小手提包呢！
很适合小女生使用。

制作方法 **p.64**

拍立得包

厚实却带洗旧效果的军绿色帆布，令我感到怀旧的温暖，
配上蕾丝和皮革，
就让它成为心爱instax mini 25的窝吧！
配上买来的背带，也可拆下换成手挽的提手喔。

制作方法 **p.78**

紫色大包

一心认为紫色是秋天最有气质的颜色，
再搭配布蕾丝片、蕾丝标章及皮标，
更能显现出小女人的优雅。

制作方法 **p.66**

肩背扁包

粗犷的丹宁布添上一点蕾丝，
竟也显得秀气了起来；
两面以蕾丝和布排列出不同的组合，
就看当时的心情，再决定将哪一面朝外。

制作方法 **p.69**

圆点木把提包

因为实在太想要麻色底的大圆点包，
所以决定自己买布用颜料染一个。
过程虽然有些费工，
但当包包完成时，真的好开心哪！

制作方法 **p.71**

梯形肩背扁包

哪一位手作人手上会没有素色棉麻布呢？
这可是百搭的圣品呢，若再装饰上蕾丝及木扣，
裁个梯形袋身，搭配真皮提手，
优雅的肩背扁包就完成了。背着它，开心地出门去玩吧！

制作方法 **p.74**

无论是水洗棉麻布、丹宁布、防水布、棉布还是酒袋布，只要搭配上蕾丝，优雅的美感就像是浑然天成。

椭圆拉链盒

漂亮的蕾丝与可爱的碎花布，
是的，我就是女生！

制作方法 p.76

方块针插

觉得市售的针插选择性太少吗？
那就找出恼人的零码布，自己来拼一个吧！
每一面都是独一无二的喔！

制作方法 p.91

糖果水玉小圆饼包

同样也是使用小圆饼包的版型。
这粉蓝与粉红色的圆点让我想到藏在记忆深处、
在我满怀期待的目光下，从糖果机落出的大颗圆糖，
与迫不及待含入口中的满足与渴望。

制作方法 **p.64**

线轴收纳盒

继完成的缝纫工具包后，
我那到处滚动的线轴
也该收收心回到盒子里了，
排排好，这样我才能带你们出门呢！

制作方法 p.82

缝纫工具包

要带着缝纫工具出门常令我手忙脚乱，
因为我是个随性的鱼干女，
常在出门前找不到工具。
于是痛下决心不再偷懒，为这些常用工具做个收纳包，
这样要带缝纫工具出门时便可以拎着就走，
不用再到处翻箱倒柜……

制作方法 **p.85**

折叠笔袋

女孩的内心都潜藏着文具控的因子，
为自己心爱的文具造一个窝吧！

制作方法 **p.89**

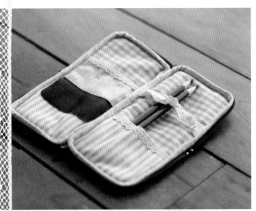

双拉链笔袋

一个笔袋或笔盒哪够用呢?
我想,再多做一个吧,
因为文具是永远不嫌多的啊!

制作方法 **p.92**

手机袋

蕾丝配上素色防水布相当有气质呢！
由简单的物件组合，却有令人惊喜的效果。
提醒你车缝防水布时要换压布脚，
这样车缝起来才会顺喔！

制作方法 p.87

暖暖包套

暖暖包是我严冬的良伴，
可是赤裸裸的真的不美观。
这款包套由面纸套设计概念延伸而来，
从此不但可以为我带来温暖，
视觉的讨好度也大增啰!

制作方法 **p.84**

蕾丝拉链小方包

古董店中，有着维多利亚式优雅的是
各式美丽的花布与大片大片的蕾丝，
掬一片缝在包包上，小小地华丽一番。

制作方法 **p.94**

粉点小方包

粉色圆点对女生来说是可爱的代名词，
做成小巧带盖的方包，
可装随身携带的用品。

制作方法 **p.95**

皮书背蕾丝笔记本套

一直都好想有一本真皮书背的古董书册啊！
没关系，找不到就自己来做一本吧，
加上自己喜欢的蕾丝，
对我而言更是独一无二了。

制作方法 **p.96**

蕾丝方格笔记本套

买下这款镂空蕾丝布有一段时间了，
有天突然想将它与素色棉麻布做棋盘组合，
小小试验一下……
嗯，效果好像还挺不错的！

制作方法 p.97

Happy Time

从口金包、书衣、零钱包、围巾、手账……
只要是你喜欢的任何一款布杂货，
蕾丝永远都是象征绵密幸福的美丽媒材！

口金包　　7.5cm口金

口金包　　　8.5cm口金

如果担心手缝口金框挫折感太重，
不妨试试黏合式的。
而且也可由小口金开始，
好为自己增添更多信心。

制作方法 **p.80**

方形零钱包

简单的十字绣与蕾丝是不败的组合，
周末午后绣个小图在素色棉麻布上，
做个小零钱包吧！

制作方法 **p.108**

怀表零钱包

洗旧的厚棉布总让我心生暖意，
过往的好时光在眼前浮现，
但也感念岁月的流逝……

制作方法 **p.112**

蕾丝布夹（小）

收藏一段时间的针织蕾丝片、
从日本带回却一直舍不得用的造型纽扣，
而想将布夹与零钱包能随意分开和组合的念头，
诞生了这个布夹。
拉链零钱包和布夹表面钉上了可以相扣的四合扣，
也能随时分开单独使用喔！

制作方法 p.101

蕾丝布夹（大）

深棕色的条纹棉麻布＋米色的宽版蕾丝（好喜欢哪……），
多加的夹层可再容纳几张卡片，
贪心一点的加大版，
连装零钱的拉链内袋都不能少。

制作方法 **p.102**

资料收纳夹

旅行时总是喜欢拿许多想收藏的文宣品，
却在当下不知该放到哪儿去。
我为将来不知在世界哪个角落会遇见可爱的它们
准备了一个收纳夹，期待未来美丽的邂逅。

制作方法 **p.104**

首饰收纳包

灰色毛料配上宽版蕾丝，
黑白灰三色是不容易出错的组合，
希望这款小包有着冷调的优雅。

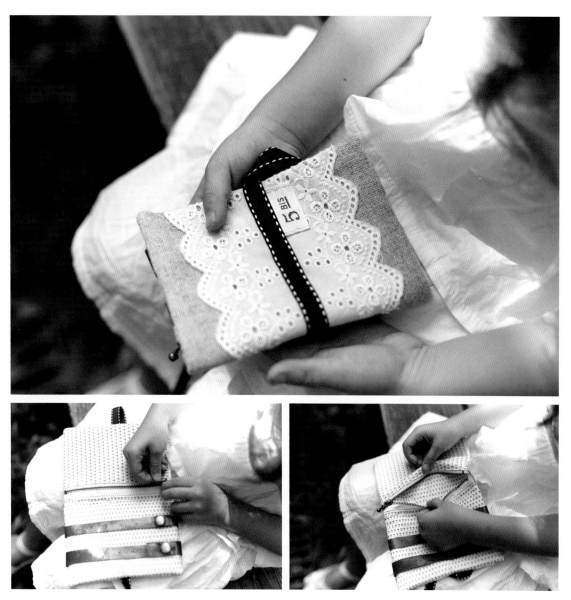

制作方法 **p.106**

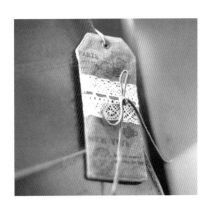

蕾丝行李吊牌

不只是可当成行李吊牌,
挂在素雅的包包上也不错呢!

制作方法 p.107

束口袋

万用的束口袋，
也来做个蕾丝版的吧！

制作方法 **p.114**

圆弧底多用扁包

蓝底粉红条纹布，加上球球饰带，
再拼贴上蕾丝织片及小兔兔图案，
我想，无论是大女生还是小女孩，
都会想拥有吧！

制作方法 **p.111**

多用途收纳包

某次旅途中，看到有人使用了像这样的包款，
忍不住想为自己也做一个呢。
想放些什么在包里，
嘘，这是每个人的秘密。

制作方法 **p.117**

粉菊条纹围巾

除了当围巾，
当披肩似乎也不错呢……
宽版蕾丝容易成为视觉焦点，
配上优雅的条纹棉麻布，季节刚好。

制作方法 p.119

粉蓝二重纱围巾

决定拿这块布做围巾时，
却扼腕当时没狠下心多买一些……
以大片针织蕾丝圆片增加长度，
彻底满足了我的欲望。

制作方法 **p.120**

蕾丝马儿别针

这是很随意又能快速完成的小作品，
利用手边现成的素材，
动手设计制作出可爱的小饰品吧！

制作方法 p.121

蕾丝皮标项链

利用皮章、碎蕾丝、小饰片，
再选条皮绳，
长短可随个人喜好，
极具自然风的项链就完成啰！

制作方法 **p.121**

检视一下自己的布柜，
挑选出最爱的布款，
再搭配上典雅的蕾丝，
在最有手作氛围的季节里，
跟着作者的做法，
做款你最爱的作品吧！

制作方法

材料：

表布25cm×25cm 2片
里布25cm×25cm 2片
包侧表布8cm×53cm 1片
包侧里布8cm×53cm 1片
拉链表布8.5cm×28.5cm 1片
拉链里布8.5cm×28.5cm 1片

拉链25cm 1条
提耳8cm×5cm 2片
D形环内径2cm 2个
问号钩内径2cm 2个
皮革条2cm×30cm 1条（长度可依个人需要增减）
蕾丝　适量
铆钉　适量

做法：

01 依纸型剪下所需布料，若觉得表布较薄，可于背面烫上布衬或单胶棉（布衬、单胶棉不加缝份依纸型裁剪）。依个人喜好装饰表布正面。

02 拉链表布对半裁开。

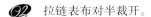

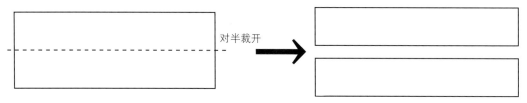

对半裁开

03 两片拉链表布和拉链正面对正面车缝，缝份0.7cm，翻回正面后可距拉链0.2cm处车缝一道固定线和蕾丝，修齐拉链表布为8cm×19cm。

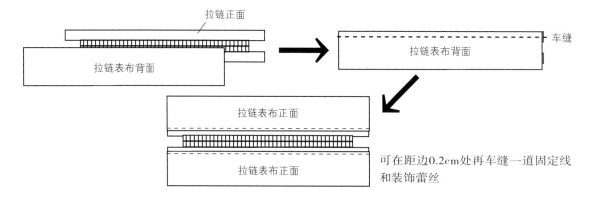

拉链正面

拉链表布背面

车缝

拉链表布背面

拉链表布正面

拉链表布正面

可在距边0.2cm处再车缝一道固定线和装饰蕾丝

04 两片提耳布分别正面对正面对折，在距边0.5cm处车缝一道直线，翻回正面；然后分别对折，套进内径2cm的D形环内，可在距边0.5cm处车缝一道固定线。

8cm

包侧表布和拉链表布侧边对齐，正面对正面中间夹进D形环提耳组，在距边缘1cm处车缝。

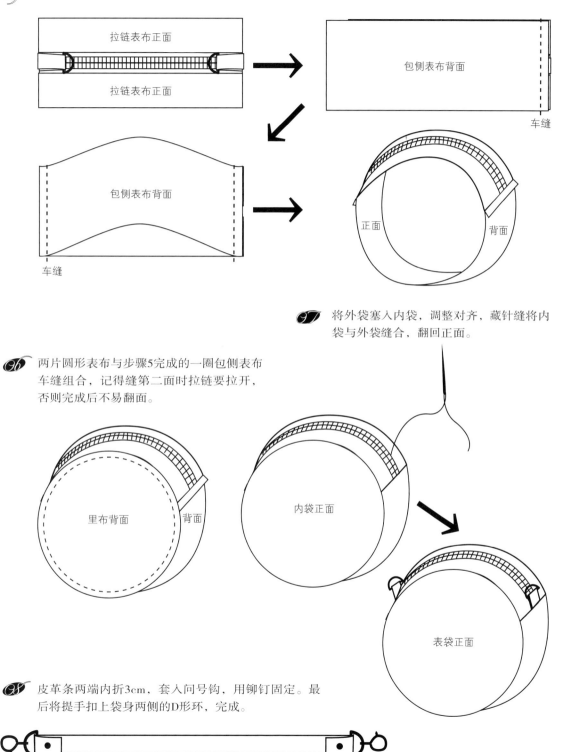

将外袋塞入内袋，调整对齐，藏针缝将内袋与外袋缝合，翻回正面。

两片圆形表布与步骤5完成的一圈包侧表布车缝组合，记得缝第二面时拉链要拉开，否则完成后不易翻面。

皮革条两端内折3cm，套入问号钩，用铆钉固定。最后将提手扣上袋身两侧的D形环，完成。

小圆饼包&糖果水玉小圆饼包

第12页与第28页的作品
参照原尺寸纸型A面
(小圆饼包)

材料：

表布13cm×13cm 2片
里布13cm×13cm 2片
包侧表布8cm×22cm 1片
包侧里布8cm×22cm 1片

拉链表布8.5cm×19cm 1片
拉链里布8.5cm×19cm 1片
拉链16cm 1条
织带4.5cm 2条

做法：

① 依纸型剪下所需布料，若觉得表布较薄，可于背面烫上布衬或单胶棉（布衬、单胶棉不加缝份依纸型裁剪）。依个人喜好装饰表布正面。

② 拉链表布对半裁开。

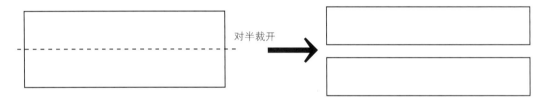

③ 两片拉链表布和拉链正面对正面车缝，缝份0.7cm，翻回正面后可距拉链0.2cm处车缝一道固定线，修齐拉链表布为8cm×19cm。

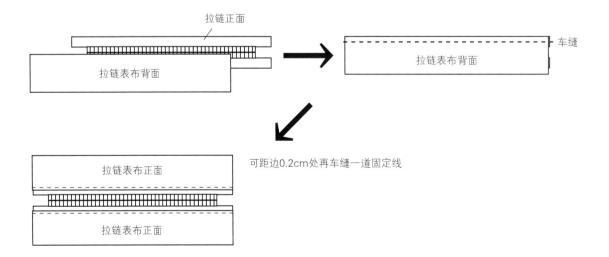

包侧表布和拉链表布侧边对齐，正面对正面中间夹进对折的织带，在距边缘1cm处车缝。

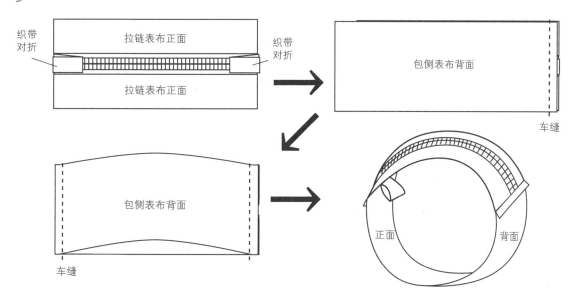

 两片圆形表布与步骤4完成的一圈包侧车缝组合，记得缝第二面时拉链要拉开，否则完成后不易翻面。

 里袋的组合如同表袋，拉链里布不缝上拉链，内折0.7cm，也不需织带挂耳，完成后翻回正面。

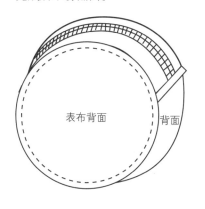

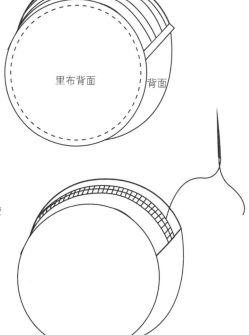

将外袋塞入内袋，调整对齐，藏针缝将内袋与外袋缝合，翻回正面，完成。

材料：

袋身表布30cm×84cm 1片
袋身里布30cm×84cm 1片
包侧A表布33cm×38cm 2片
包侧A里布33cm×38cm 2片
包侧B表布33cm×29cm 2片
包侧B里布33cm×29cm 2片
（以上布块若觉得布料偏薄，可烫上
布衬，布衬尺寸为不含缝份的纸型）

提手布5cm×50cm 2条
　　　　5cm×32cm 1条
（若觉得布料偏薄，可上下、左右居中烫上4cm×50cm的布衬）
蕾丝　少许
皮标　1个
蕾丝片　1个
问号钩内径2cm 4个
D形环内径2cm 4个
铆钉 适量

做法：

01　依纸型裁剪布料，依需要烫上布衬。

02　将包侧B里布上方下折1cm，整烫。

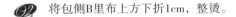

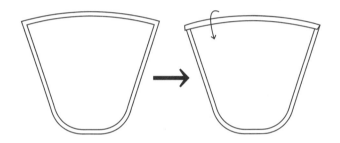

03　将包侧B表布与里布背面对背面对齐，上方距边缘0.1～0.2cm处车缝一道固定线。

包侧B表布
正面

包侧B里布
背面

车缝

04　将两份包侧B的组合分别放在包侧A的两片表布上，由底部开始对齐两侧边缘，在距边0.5cm处车缝一道固定线。

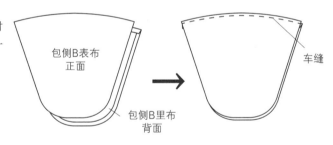

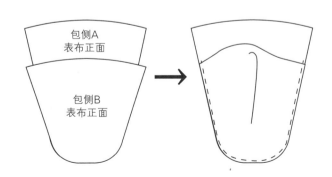

包侧A
表布正面

包侧B
表布正面

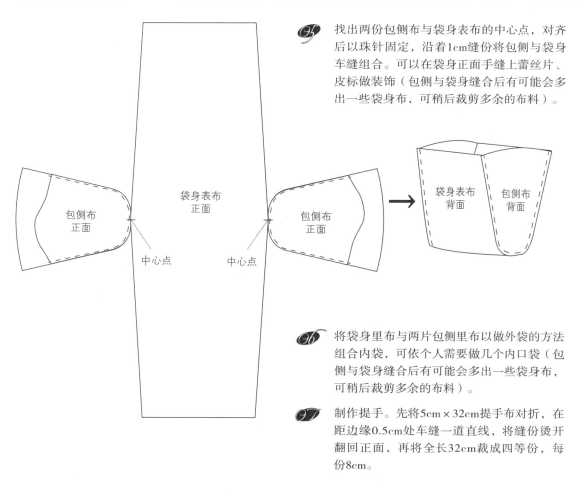

05 找出两份包侧布与袋身表布的中心点，对齐后以珠针固定，沿着1cm缝份将包侧与袋身车缝组合。可以在袋身正面手缝上蕾丝片、皮标做装饰（包侧与袋身缝合后有可能会多出一些袋身布，可稍后裁剪多余的布料）。

06 将袋身里布与两片包侧里布以做外袋的方法组合内袋，可依个人需要做几个内口袋（包侧与袋身缝合后有可能会多出一些袋身布，可稍后裁剪多余的布料）。

07 制作提手。先将5cm×32cm提手布对折，在距边缘0.5cm处车缝一道直线，将缝份烫开翻回正面，再将全长32cm裁成四等份，每份8cm。

08 将5cm×50cm两条提手布分别对折，在距边缘0.5cm处车缝一道直线，将缝份烫开翻回正面，可在正面车缝上蕾丝装饰，然后将两条提手头尾内折1cm，以藏针缝缝合。

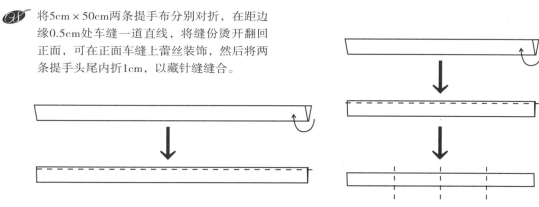

09 将步骤7的四段布条分别对折，套进内径2cm的D形环内，可在距边缘0.5cm处车缝一道固定线。

做好的外袋翻成正面，套入内袋里面，接缝处要里外对齐，上缘如有超出的部分要一起裁齐。然后在表袋与内袋中间夹入步骤9制作好的D形环组合，一边两个，然后在距边缘2cm处车缝一圈，请记得要预留15cm返口。

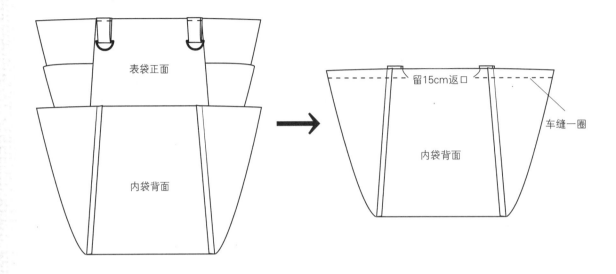

 由返口翻回正面，整烫袋身，然后距边缘0.1～0.2cm处车缝一圈缝好返口，加强固定。

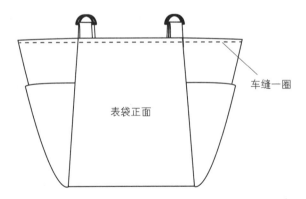

 步骤8完成的两条提手，两端内折4cm，套入问号钩，用铆钉固定。最后分别将两条提手扣上袋身两侧的D形环，完成。

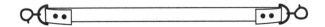

肩背扁包

第18页的作品

参照原尺寸纸型A面

材料：

表布（条纹布）42cm×8cm 2片
　　　（深蓝色丹宁布）42cm×55cm 1片
　　　（人工仿皮布）6cm×15cm 2片
里布42cm×67cm 1片
皮革条50cm 2条
蕾丝　适量
铆钉　适量

做法：

 条纹布两片、深蓝色丹宁布如图示车缝组合，缝份1cm。取布料车缝口袋，缝上蕾丝。

 人工仿皮布依纸型裁剪，分别对齐两侧边缘上下置中车缝在表布上。

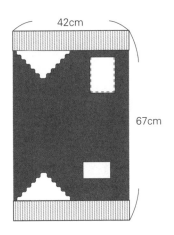

42cm

67cm

 表布正面对正面对折，两侧车缝（缝份1cm）并抓底5cm。

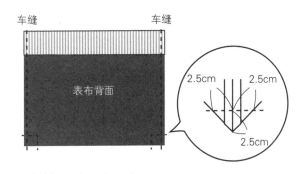

车缝　　　车缝

表布背面

2.5cm　2.5cm

2.5cm

69

里布可依需要车缝上口袋，同表布正面对正面对折，两侧车缝（缝份1cm），一边预留返口 15cm，并抓底5cm。

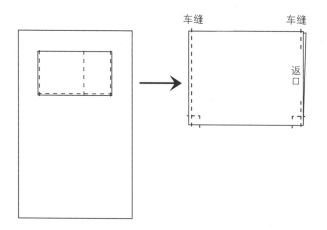

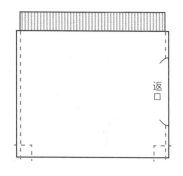 表袋套入里袋内，在距上缘1cm处车缝袋口一圈，由返口翻回正面，并以藏针缝缝好返口。

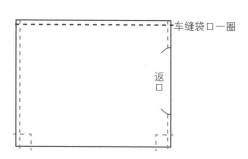

 以铆钉钉上皮革条固定在袋身两面，完成。

圆点木把提包

第20页的作品　　　　参照原尺寸纸型B面

材料：

表布45cm×30cm 2片
里布45cm×30cm 2片
包侧表布82cm×12cm 1片
包侧里布82cm×12cm 1片

拉链布34cm×12cm 2片
提手布21cm×7cm 2片
蕾丝双开拉链45cm 1条
蕾丝　适量
木把　1副

做法：

 用薄塑料板挖空剪出圆形做纸型，放在表布上以布用颜料染出大圆点，再用吹风机烘干染料。

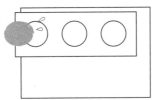

便宜的化妆用海绵蘸布用颜料涂满纸型挖空的圆形

 两片拉链布分别正面对正面对折，在距侧边1cm处车缝，翻回正面，可在两侧距边0.2cm处再车缝一道固定线。

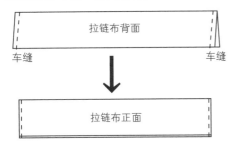

拉链布背面

车缝　　　　　　　　车缝

拉链布正面

 将拉链置中车缝在两片拉链布上，中间注意要留一点空间使拉链开合。

开口方向

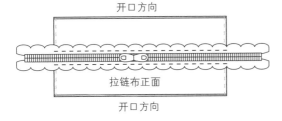

拉链布正面

开口方向

 依纸型裁剪布料，若觉得表布、包侧表布偏薄，可烫上厚布衬或单胶棉（尺寸为不含缝份的纸型）。在表布正面缝上蕾丝做装饰。

 将表布与包侧表布组合起来，缝份1cm，完成的表袋翻成正面；里布也与包侧里布组合起来。

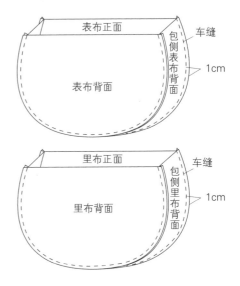

表布正面

包侧表布背面

车缝

1cm

表布背面

里布正面

包侧里布背面

车缝

1cm

里布背面

 提手布两片，两边内折1cm，在距边0.5cm处车缝一道固定线。

提手布正面

两片提手布分别正面对正面，居中对齐表袋边缘，在距边缘0.5cm处车缝一道固定线。

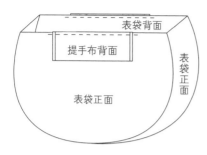

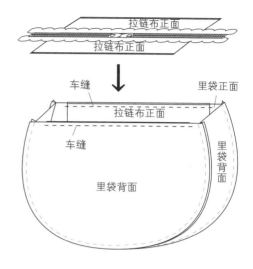 拉链布两边居中对齐里袋边缘，在距边缘0.5cm处车缝一道固定线。

 表袋上缘向内折1cm，整烫。

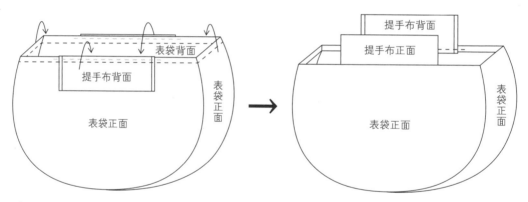

 里袋上缘向外折1cm，整烫。

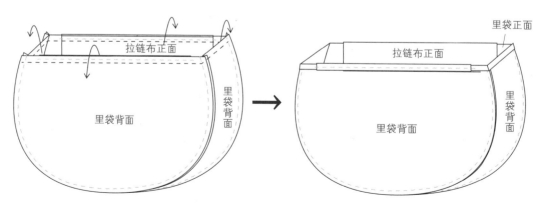

里袋套入外袋内，边缘对齐，距边缘0.2cm和0.4cm处各车缝袋口一圈。

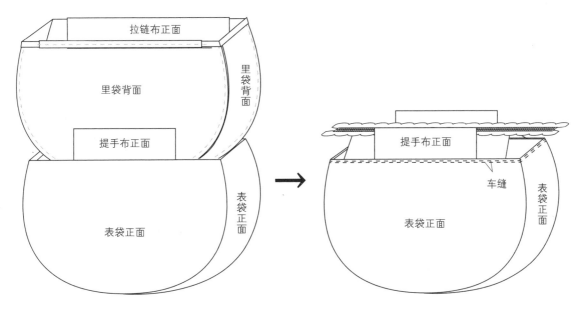

 提手布穿过木把洞口，与袋身藏针缝缝合。

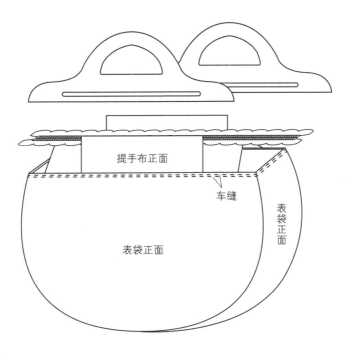

梯形肩背扁包

第23页的作品　　　**参照原尺寸纸型A面**

材料：

表布43cm × 33cm 2片
里布43cm × 33cm 2片
条纹布8cm × 32cm 1片
皮提手2cm × 50cm 2条
织带2cm × 4.5cm 4条

D形环2cm 4个
问号钩2cm 4个
蕾丝　　适量
木扣　　3颗
铆钉　　适量

做法：

 依纸型剪下表布与里布，若觉得表布较薄，可于背面烫上布衬（布衬不加缝份依纸型裁剪，也可剪去布衬的两个褶子的三角形区块，让褶子不过厚）。

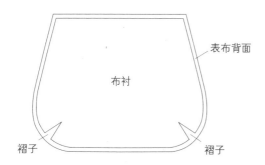

 在记号处打褶，车缝固定。

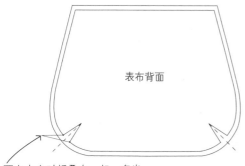

两点中央对折叠在一起，多出来的布块要在背面

②2 条纹布两侧朝背面内折0.7～1cm车缝在其中一片表布上，再缝上蕾丝与木扣。

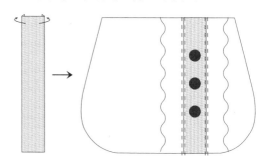

④4 两片表布正面对正面，如图示车缝。两片里布打完褶后，以正面对正面车缝，底部预留15cm返口。

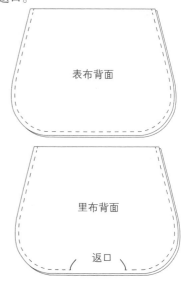

将四条织带分别对折，套进内径2cm的D形环内，可在距边缘0.5cm处车缝一道固定线。

将表袋翻至正面，在前后两面分别如图示放置步骤5的D形环组合，在距上缘0.5cm处车缝固定。

5cm   5cm

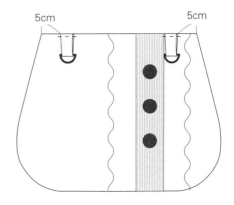

表袋套入里袋内，在距上缘1cm处车缝袋口一圈，再由返口翻回正面。

车缝袋口一圈

里布背面   里布背面

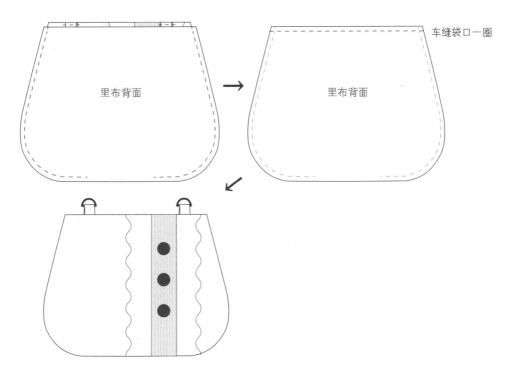

两条皮提手两端内折3cm，套入问号钩，用铆钉固定。最后分别将两条皮提手扣上袋身两侧的D形环，完成。

椭圆拉链盒　第26页的作品　参照原尺寸纸型A面

材料：

表盖布17cm×12.5cm 1片
表底布17cm×12.5cm 1片
里盖布17cm×12.5cm 1片
里底布17cm×12.5cm 1片
表袋布47cm×10cm 1片

里袋布47cm×10cm 1片
拉链表布11cm×3cm 1片
拉链里布11cm×3cm 1片
提手布16cm×5cm 1片
拉链35.5cm 1条

蕾丝 适量
装饰小球 适量
装饰牌 1个

做法：

 依纸型裁剪布料，列出尺寸均含缝份，若觉得表盖布、表底布、表袋布偏薄，可置中烫上厚布衬或单胶棉，尺寸为不含0.7cm缝份的纸型。里盖布、里底布、里袋布偏薄的话，可置中烫上不含0.7cm缝份的纸型的布衬。

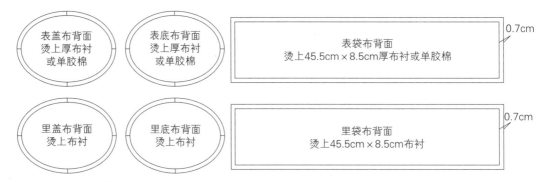

表盖布背面
烫上厚布衬
或单胶棉

表底布背面
烫上厚布衬
或单胶棉

表袋布背面
烫上45.5cm×8.5cm厚布衬或单胶棉

0.7cm

里盖布背面
烫上布衬

里底布背面
烫上布衬

里袋布背面
烫上45.5cm×8.5cm布衬

0.7cm

02 拉链布正面对正面，中间夹入拉链尾端对齐，在距边1cm处车缝，两片布另一端也与拉链另一头以同样方式车缝接合，并找出中心点用消失笔做记号。

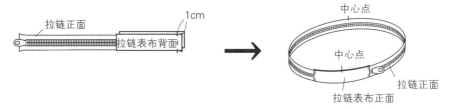

拉链正面　1cm
拉链表布背面

中心点
中心点
拉链正面
拉链表布正面

03 步骤2完成的拉链与表盖布正面对正面，中心点对齐，在距边0.7cm处车缝一圈。

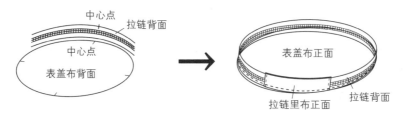

中心点　拉链背面
中心点
表盖布背面

表盖布正面
拉链里布正面　拉链背面

表袋布与里袋布分别正面对正面对折，距边0.7cm处车缝。

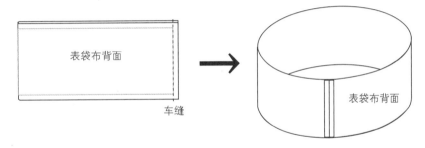

表袋布背面

车缝

表袋布背面

步骤3完成的拉链尚未车缝表盖布的另一边，与表袋布正面对正面边缘对齐，再将里袋布放进最内圈，在距上缘0.7cm处车缝一圈，翻回正面。

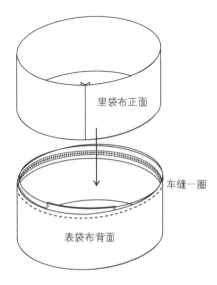

里袋布正面

车缝一圈

表袋布背面

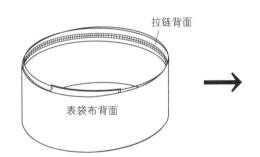

拉链背面

表袋布背面

翻回正面的表袋布与里袋布整烫后，可在距拉链边缘0.2cm处再车缝一圈固定，下缘也在距边0.5cm处车缝一圈固定。

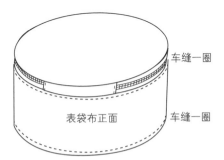

车缝一圈

表袋布正面

车缝一圈

拉链拉开，翻成内袋朝外，表底布与袋底结合，在距边0.7cm处车缝一圈。

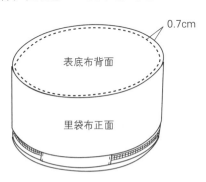

0.7cm

表底布背面

里袋布正面

里盖布与里底布朝背面烫出缝份，可剪一圈牙口，最后将两块布分别以藏针缝缝至内袋上，包覆住车缝出来的布边，完成。

里底布背面

拍立得包　　第14页的作品

材料：

表布38cm×16cm 1片
里布38cm×16cm 1片
皮条A 1cm×5cm 2条
　　B 2cm×7cm 2条
　　C 1cm×7.5cm 1条
　　D 1cm×5.5cm 1条
表盖布14cm×14cm 1片

里盖布14cm×14cm 1片
D形环内径2cm 2个
蕾丝 适量
四合扣 适量
背带 1条
铆钉 适量

做法：

① 裁剪布料，装饰表布与表盖布。

② 表盖布与里盖布正面对正面，缝份1cm三边车缝，翻回正面，在下端以铆钉固定皮条C。

③ 表布与里布分别将两侧与底边接起车缝，抓底角5cm，里袋侧边要留8cm返口。

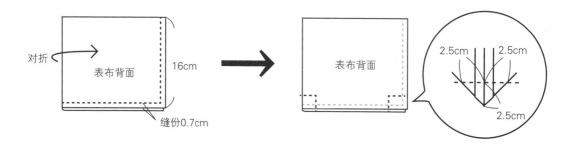

④ 两条皮条A分别在正面的一端钉上四合扣。

5 表袋翻到正面，盖布、两条皮条A与两条皮条B依图示在距边0.5cm处车缝固定线。

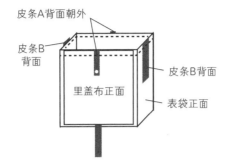

皮条A背面朝外
皮条B
背面
皮条B背面
里盖布正面
表袋正面

6 表袋套入里袋，上方在距边0.7cm处车缝一圈，由里袋返口翻回正面。

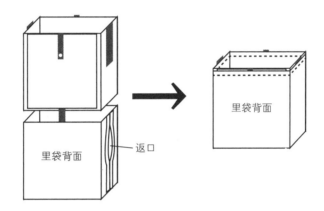

里袋背面
里袋背面
返口

7 两个D形环分别套入两条皮条B，皮条折至表袋表面，两侧皆以铆钉固定。将盖布放下，测量放入相机后皮条C的位置，钉上皮条D。

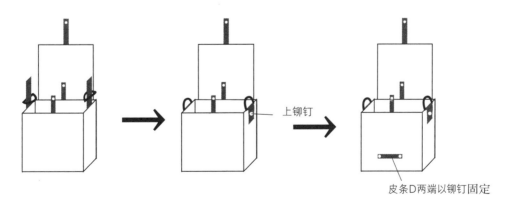

上铆钉

皮条D两端以铆钉固定

8 买背带成品，两端扣入D形环，即可背着出门了。

口金包

第42、43页的作品

参照原尺寸纸型A面

7.5cm口金材料：
表布14cm×12cm 2片
里布14cm×12cm 2片
黏合式口金7.5cm 1组
蕾丝 适量
小花扣 1个

8.5cm口金材料：
表布15cm×14cm 2片
里布15cm×14cm 2片
黏合式口金8.5cm 1组
蕾丝 适量
小装饰扣 1个

做法：

01 依纸型裁剪表布与里布各两片，若觉得表布较薄，可烫上布衬（布衬不加缝份依纸型裁剪）。

02 依个人喜好装饰表布。

03 两片表布正面对正面以珠针固定，依图示虚线车缝至两端止缝点。两片里布也以相同方式车缝，但下方需预留6cm返口。

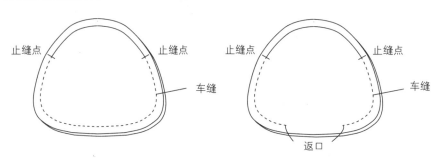

止缝点　止缝点　车缝

止缝点　止缝点　车缝

返口

04 表布与里布都要剪出牙口，剪至距车缝线0.2cm处，不要剪到车缝线。

05 将里布翻回正面后，再套入表布袋，与表布正面对正面对齐边缘与止缝点。

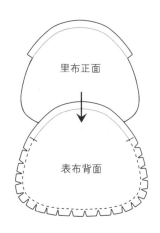

里布正面

表布背面

止缝点以上部分待车缝部分为四片，表布与里布正面对正面分成两边，两边依图示虚线车缝至两端止缝点。

 两边剪牙口，由里布翻回正面，以藏针缝缝合返口。

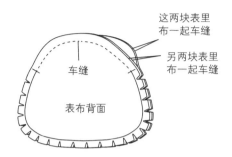

这两块表里布一起车缝

另两块表里布一起车缝

车缝

表布背面

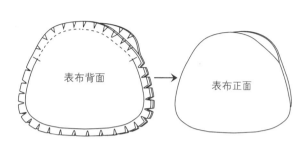

表布背面

表布正面

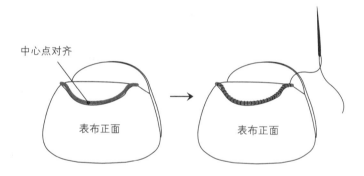 将黏合式口金内附的绳子剪成口金框单边的长度，找出绳子中心点对齐口金中心点，沿着边缘手缝固定。

中心点对齐

表布正面

表布正面

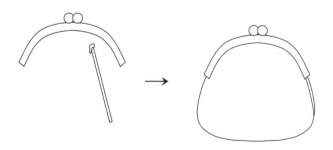 将口金框内槽涂上可粘金属和布料的透明强力胶，再将口金袋上缘用锥子塞入沟槽内，强力胶如有渗出要赶快擦干，一次粘一面，等一面干后再粘另一面，两端可用一块碎布包住铁片再以钳子加压，以利黏合，完成。

材料:

表盖布A 11cm×18.5cm 1片
　　　B 6cm×14.5cm 2片
里盖布A 11cm×18.5cm 1片
　　　B 6cm×14.5cm 2片
侧表布43cm×6.5cm 1片

侧里布43cm×6.5cm 1片
表底布10.5cm×14cm 1片
里底布10.5cm×14cm 1片
蕾丝 适量
按扣 6组

做法:

 裁剪布料,装饰表盖布A。表盖布A不管如何拼接,都要裁剪成11cm×18.5cm的尺寸。所有表盖布背面都要烫上单胶棉,单胶棉尺寸为上下、左右各减1cm缝份,置于背面居中烫上。

2 两片表盖布B与两片里盖布B分别正面对正面,缝份1cm三边车缝,翻回正面,可在距边0.2cm处压线。

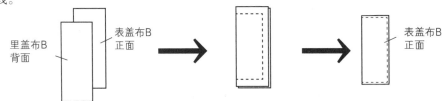

3 步骤2完成的两片盖布B如图示分别与表盖布A正面相对,然后再覆上里盖布A,在距边1cm处车缝三边,翻回正面,正面下方距边缘4cm处车缝一道直线。

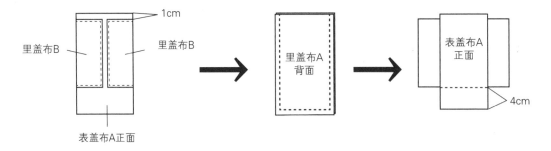

4 侧表布与侧里布两端分别车缝接合再对折,缝份1cm。

⑤ 侧表布与侧里布以接合处为中心，中间夹入盖布，将盖布中心点与之对齐，在距上缘1cm处车缝一整圈，并将表里两片侧布翻成正面，可在距边缘0.2cm处车缝一圈固定线。

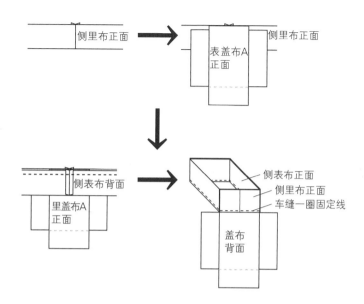

⑥ 表底布找出上下两端中心点，对准侧里布接合处，四边与侧里布正面对正面，车缝一圈。

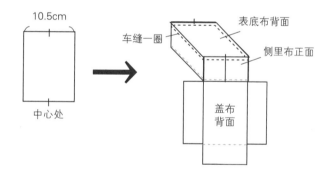

⑦ 里底布四边向背面内折1cm，以藏针缝将里底布缝于盒内。最后翻回正面，将按扣手缝在盖布与侧边上。

暖暖包套

第35页的作品

材料：

表布15cm×22cm 1片
里布15cm×22cm 1片
织带2.5cm×15cm 1条
蕾丝 适量

做法：

01 裁剪表布与里布各一片，若觉得表布较薄，可烫上布衬。

02 表布车缝上蕾丝点缀。

03 织带上下置中于表布正面，两端距边缘0.5cm处车缝固定。

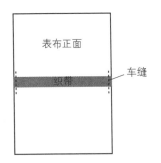

04 里布与表布正面对正面，上下两端距边1cm处车缝，烫开缝份，其中一端要留约8cm返口。

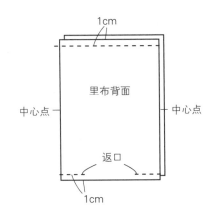

05 里布与表布上下端各自内折5cm，整烫。左右距边缘0.7～1cm处车缝直线。

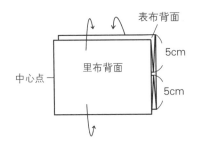

06 由返口翻回正面，以藏针缝缝好返口，完成。

缝纫工具包

第31页的作品　　　　　　　　参照原尺寸纸型B面

材料：

表布33cm×23cm 1片　　　　不织布10cm×7cm 1片　　　棉花 适量
里布33cm×23cm 1片　　　　针插布11cm×6cm 1片　　　按扣 适量
口袋布A 30cm×22cm 1片　　线剪布4.5cm×10cm 2片　　红色布条 1个
　　　　B 25cm×22cm 1片　　拉链60cm 1条
　　　　C 20cm×22cm 1片　　　　18cm 1条
　　　　D 22cm×10cm 1片　　蕾丝 适量

做法：

01 裁剪布料，装饰表布。表布背面烫上与表布尺寸相同偏厚的单胶棉，里布背面也烫上与里布尺寸相同的布衬，然后两块都裁剪成32cm×22cm。

02 口袋布A与B分别背面对背面对折。先将口袋布B车缝在18cm拉链上，再将组合放置在口袋布A上，距拉链边缘0.2cm处车缝。

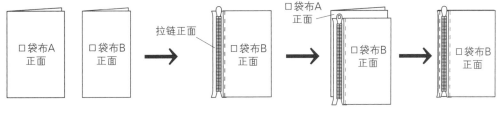

03 口袋布C背面对背面对折，然后距边0.5cm处车缝在口袋布B上(车缝时注意将口袋布A拨开，不要连口袋布A一起车缝)，中间可再车缝一道直线隔出小口袋。

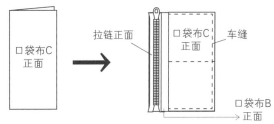

04 口袋布D正面对正面对折，然后如下图上端距边0.5cm处车缝一道直线，再翻至正面。

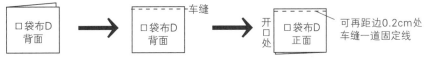

05 针插布正面对正面对折，然后如下图距边0.5cm处车缝，留3cm返口。由返口翻回正面，塞入适量棉花，藏针缝缝好返口，背面缝上按扣的凸面。

06 线剪布按纸型裁剪，正面对正面对齐，下端距边缘0.5cm处车缝，翻回正面。

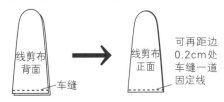

⑥ 在里布正面依下图固定口袋布、线剪布、针插等。

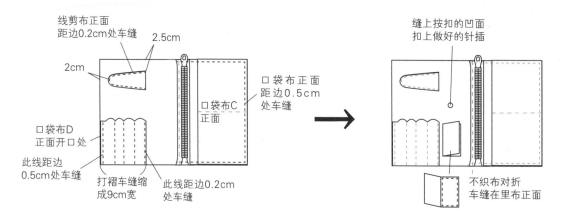

线剪布正面
距边0.2cm处车缝

2.5cm

2cm

口袋布C
正面

口袋布正面
距边0.5cm
处车缝

口袋布D
正面开口处

此线距边
0.5cm处车缝

打褶车缝缩
成9cm宽

此线距边0.2cm
处车缝

缝上按扣的凹面
扣上做好的针插

不织布对折
车缝在里布正面

⑧ 表、里布背面相对，四周距边0.7cm处车缝，然后依纸型修剪边缘，四周以滚边条包边。

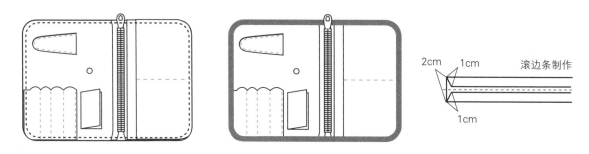

2cm   1cm   滚边条制作

1cm

⑨ 袋布两侧找出中心点，60cm拉链中间找出中心点；拉开拉链，拉链正面与袋身里布以两侧中心点为基准正面相对，距边0.7cm车缝在一起。

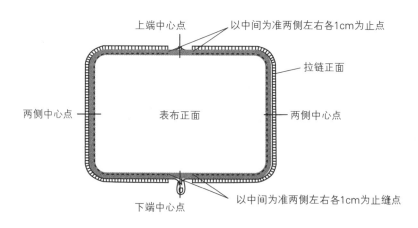

上端中心点   以中间为准两侧左右各1cm为止点

拉链正面

两侧中心点   表布正面   两侧中心点

下端中心点   以中间为准两侧左右各1cm为止缝点

⑩ 拉链两端多出来的长度，可再加工上D形环，如此一来就可做成提手。

手机袋

第34页的作品

参照原尺寸纸型A面

材料：

表布18cm×15cm 1片
里布18cm×15cm 1片
口袋布18cm×20cm 1片

织带1cm×4cm 1条
蕾丝 适量
装饰扣 1个
D形环内径1cm 1个
拉链20.5cm 1条

做法：

 裁剪布料，装饰表布。

 口袋布背面对背面对折，距对折处边缘0.2cm处车缝一道固定线，再将口袋布置于里布正面，在中心点车缝一条直线。口袋布可在距边0.5cm处车缝固定线。

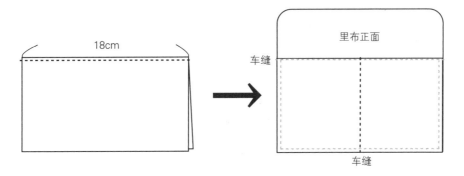

18cm

里布正面

车缝

车缝

 拉链拉开，正面与表布正面相对，分开的拉链从中心点放置，上方再放上里布并在距边0.5cm处车缝。

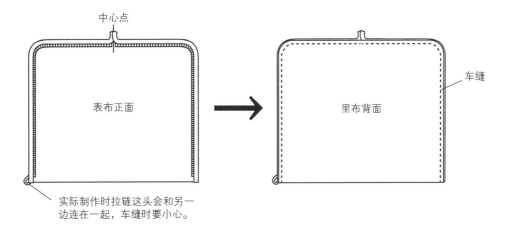

中心点

表布正面

里布背面

车缝

实际制作时拉链这头会和另一边连在一起，车缝时要小心。

从中心点向外抓开，让表布正面对正面，里布正面对正面，表布那端下方夹入D形环与织带，下端车缝一道，预留6cm返口。

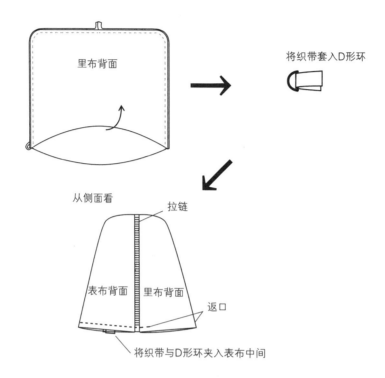

里布背面

将织带套入D形环

从侧面看

拉链

表布背面　里布背面

返口

将织带与D形环夹入表布中间

从返口翻回正面，藏针缝缝好返口，完成。

 第32页的作品

材料：

表布20cm×20.5cm 1片
　　10cm×20.5cm 1片
里布28cm×20.5cm 1片
拉链口袋布18cm×20.5cm 1片

仿皮布9cm×7cm 1片
　　8cm×4.5cm 1片
织带1cm×14cm 1条
拉链18cm 1条
四合扣 适量

做法：

 依纸型裁剪布料，若觉得表布与里布偏薄，可烫上布衬，尺寸为不含缝份的纸型，两片花色不同的表布接合在一起（如表布想使用单块布料，也可直接使用里布纸型裁剪）。

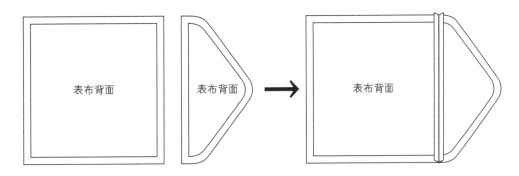

 9cm×7cm仿皮布制作成袋状车缝在里布正面，14cm织带也依图示在7.5cm的距离内车缝成四等份，做成笔套。

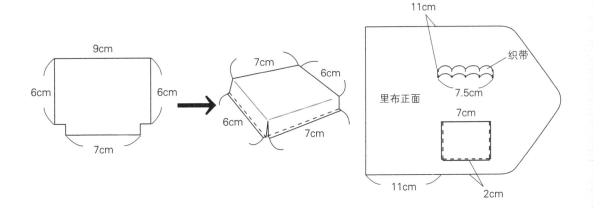

③ 拉链与里布正面对正面,上方叠上拉链口袋布,在距边0.5cm处车缝。

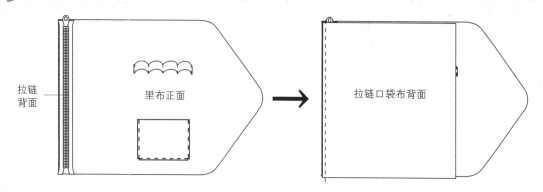

拉链
背面

里布正面

拉链口袋布背面

④ 拉开拉链,另一端拉链口袋布也与表布中间夹拉链车缝。

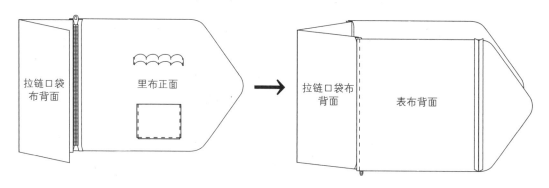

拉链口袋
布背面

里布正面

拉链口袋布
背面

表布背面

⑤ 将表、里布对齐,在距边1cm处车缝,要预留8cm左右返口,翻回正面整烫,以藏针缝缝好返口,钉上四合扣,完成。

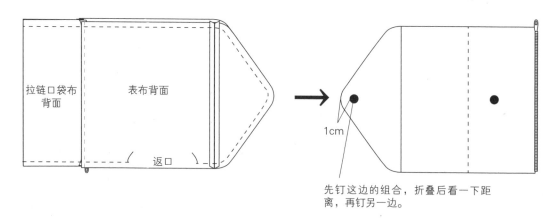

拉链口袋布
背面

表布背面

返口

1cm

先钉这边的组合,折叠后看一下距离,再钉另一边。

方块针插 第27页的作品

材料：

棉麻布10.5cm×10.5cm 6片
棉花 适量

做法：

 裁剪出六片10.5cm×10.5cm的布片。

02 在每片布上依个人喜好以蕾丝、织带、皮片做装饰。

03 先将四片布正面对正面接合起来，缝份1cm。

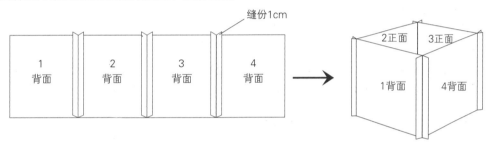

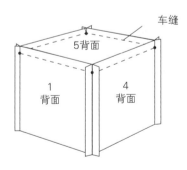 第五片小心接缝，缝份1cm（第五片的四个角与步骤3组合的四个角要先找出并以珠针固定，如此接缝才会准确）。

 第六片小心接缝，缝份1cm（请参考步骤4），当中一面要预留约6cm返口，翻回正面。

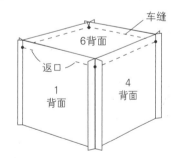

 由返口塞入棉花，最后以藏针缝缝合返口，完成。

双拉链笔袋　第33页的作品

参照原尺寸纸型B面

材料：

表布11cm×21.5cm 2片
里布11cm×21.5cm 2片
侧幅布3cm×17cm 2片
夹层布A 10.5cm×17cm 1片
　　　 B 10.5cm×18cm 1片
　　　 C 10.5cm×16 1片

仿皮布8cm×4.5cm 1片
蕾丝10.5cm 1条
拉链20.5cm 2条
滚边布2cm×70cm 2条
※若觉得表布偏薄，可烫上布衬或单胶棉，尺寸为不含缝份的纸型。

做法：

01 依纸型裁剪布料，表布背面烫上厚布衬或单胶棉，里布烫上布衬即可，布衬或单胶棉尺寸为原尺寸纸型，并依个人喜好装饰表布。

02 夹层布A向下折1cm，再折1cm包覆起来，在距上缘0.2和0.7cm处车缝两道固定线。

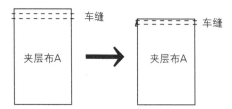

03 夹层布B与夹层布C分别背面对背面对折，在距上缘0.2cm处车缝一道固定线。

04 将夹层布A、B与C分别如图示对齐里布下缘，放置在两片里布上方（B叠在A上面），并将里布修剪成圆角，仿皮布量好距离要车缝在夹层布A上，蕾丝也如图示放置，两块组合四周分别距边缘0.3cm处车缝一圈固定。

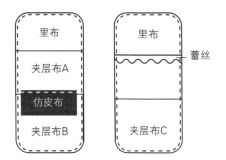

05 将步骤4做好的两块组合和两块表布分别背面对背面对齐，四周距边缘0.3cm处车缝一圈固定。

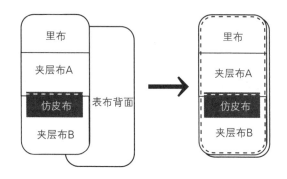

🅖 侧幅布正面对正面，中间夹入拉链尾端对齐，在距边1cm处车缝，另一端也与另一条拉链以同样方式车缝接合。

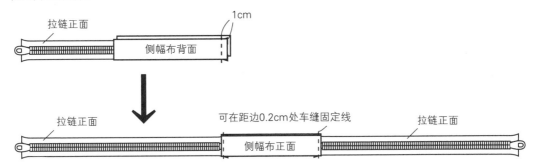

拉链正面　1cm　　　　　　侧幅布背面

拉链正面　　　可在距边0.2cm处车缝固定线　　　侧幅布正面　　　拉链正面

🅗 步骤5完成的表布与步骤6完成的拉链侧幅布正面对正面，在距边0.5cm处车缝一圈，拉开拉链，另一表布也与拉链侧幅布以同样方式车缝接合。

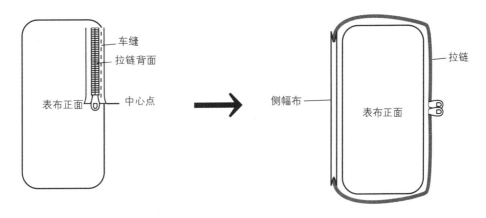

车缝　拉链背面　表布正面　中心点　侧幅布　表布正面　拉链

🅘 2cm宽的滚边布用滚边器制作成滚边条，将步骤7的布边用滚边条包覆起来，完成。

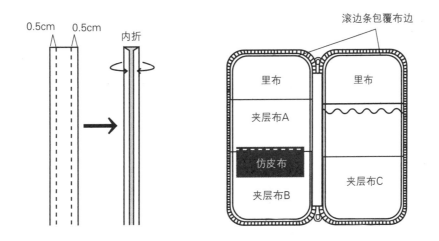

0.5cm　0.5cm　内折　滚边条包覆布边　里布　里布　夹层布A　仿皮布　夹层布C　夹层布B

蕾丝拉链小方包

第36页的作品

参照原尺寸纸型A面

材料：

表布18.5cm×14cm 2片
里布18.5cm×14cm 2片
拉链16cm 1条
宽版蕾丝 适量

做法：

01 依纸型裁剪表布与里布各两片，若觉得表布较薄，可烫上布衬（布衬不加缝份依纸型裁剪）。

02 取宽版蕾丝，车缝组合成一片，置于表布正面，四周距边不超过0.5cm处车缝周边固定。

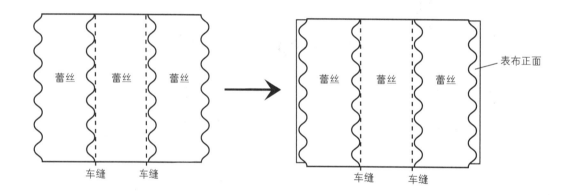

03 表布与里布各拿一块正面对正面，中间夹拉链车缝。拉链另一边拿另一组表布与里布以相同方式车缝。

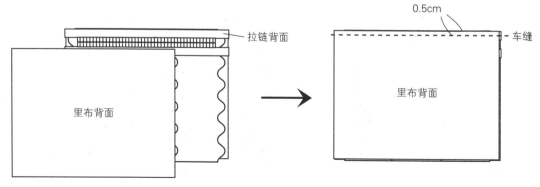

＊以下制作方法请参考p.111 "圆弧底多用扁包"。

参照原尺寸纸型A面

材料：

表布13.5cm×22cm 1片
里布13.5cm×22cm 1片
表盖布13cm×8cm 1片
里盖布13cm×8cm 1片

细丝带6cm 1条
扣子 1个
蕾丝 少许

做法：

01. 裁剪布料，表盖布与里盖布依纸型裁剪。若觉得表布偏薄，可居中烫上不含缝份1cm的布衬。

02. 装饰表盖布。表盖布与里盖布正面对正面，中间夹入对折的细丝带距边1cm处车缝，圆角剪牙口翻回正面整烫，可距边0.2cm处车缝压线并车缝上蕾丝。

03. 里盖布正面居中对上表布正面，在距边0.5cm处车缝固定线。再将里布正面与表布正面相对，上下两边各距边1cm车缝一道直线。

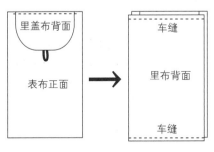

04. 如图示，表、里布中间抓出褶线，两侧在距边1cm处车缝直线，里布一边要预留6cm左右的返口。

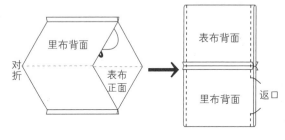

05. 表布与里布分别抓出1.5cm底角。由返口翻回正面，以藏针缝缝好返口，缝上扣子，完成。

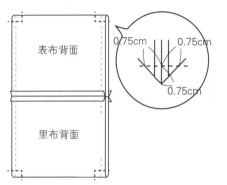

皮书背蕾丝笔记本套

第38页的作品

材料：

表布（深色棉麻布）27cm×18.5cm 1片
里布27cm×18.5cm 1片
皮片7cm×16cm 1片
　　 2.5cm×7.5cm 1片

书折口布20cm×18.5cm 2片
笔套挂耳（蕾丝）5cm 1条
宽版蕾丝 适量
※此款最后前片、后片正面对正面缝合时左右缝份0.7cm

做法：

1 裁剪表布、里布及其他布片，若觉得表布较薄，可烫上布衬（布衬不加缝份依纸型裁剪）。

2 裁剪7cm×16cm皮片一片，两侧距边缘0.5cm处用打洞的圆錾打出一排手缝要用的小洞口。

3 将宽版蕾丝置表布正面上，中间空6cm的距离，手缝或车缝在表布上，再加其他装饰。皮片上下、左右置中（上下约各有1.2cm空距），以回针缝缝在表布正面上。

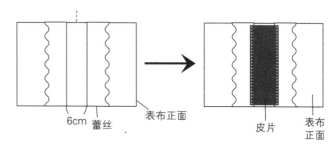

6cm　蕾丝　　表布正面　　　皮片　　表布正面

4 将两片书折口布分别以背面对背面对折，在距对折线0.2cm处车缝一道固定线。

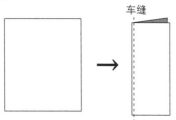

车缝

5 将两片对折好的书折口布与笔套挂耳放在里布正面，可在距边缘0.5cm处疏缝固定位置，再缝上2.5cm×7.5cm的皮片。

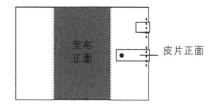

里布正面　　　皮片正面

6 将表布正面对正面放在里布上方，在距边缘1cm处车缝一圈，但要留10cm返口。翻回正面以工字缝缝好返口，完成。

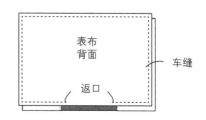

表布背面　　　车缝

返口

蕾丝方格笔记本套  第39页的作品

材料：

表布：
蕾丝布4.5cm×9cm 7片
棕色棉麻布4.5cm×9cm 7片
　　　　　28.5cm×5.7cm 1片

里布：
棕色棉麻布28.5cm×18.5cm 1片
书折口布22cm×18.5cm 2片
口袋布22cm×8.5cm 2片
笔套挂耳（蕾丝）5cm 1条
皮片2cm×7cm 1片
布标 1个
蕾丝 适量
四合扣 适量
※此款最后前片、后片正面对正面缝合时左右缝份为
0.7cm

做法：

 请依图示组合A与B的布块，两组缝份皆为0.7cm。

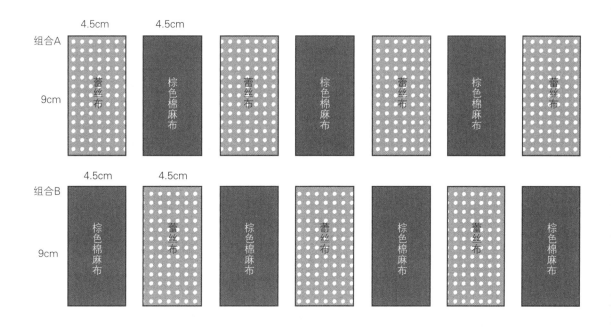

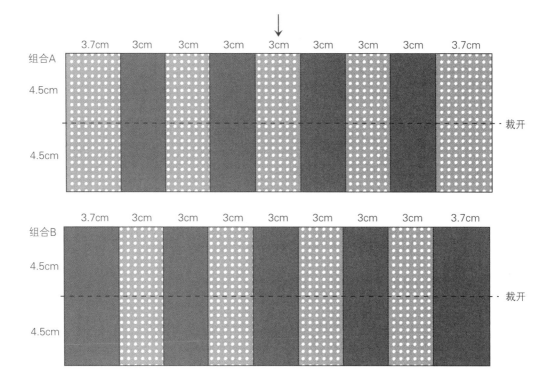

組合A 3.7cm 3cm 3cm 3cm 3cm 3cm 3cm 3cm 3.7cm
4.5cm
4.5cm ····· 裁开

組合B 3.7cm 3cm 3cm 3cm 3cm 3cm 3cm 3cm 3.7cm
4.5cm
4.5cm ····· 裁开

02 布块组合A与B中间分别一切为二，如上图。

03 裁开的布块组合A与B各为两片，先如图示排出，然后再将这四块组合成一块大的棋盘图案布，
缝份皆为0.7cm。

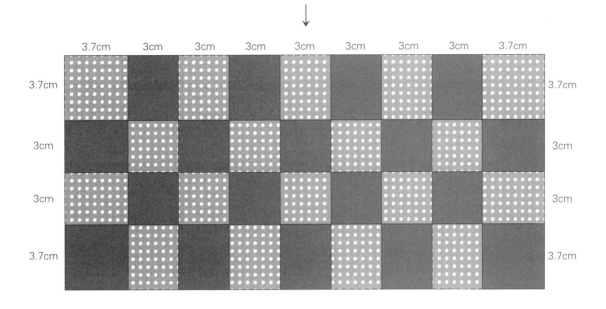

3.7cm　3cm　3cm　3cm　3cm　3cm　3cm　3cm　3.7cm

3.7cm　　　　　　　　　　　　　　　　　　　3.7cm

3cm　　　　　　　　　　　　　　　　　　　3cm

3cm　　　　　　　　　　　　　　　　　　　3cm

3.7cm　　　　　　　　　　　　　　　　　　　3.7cm

将棋盘图案布与28.5cm×5.7cm的棕色棉麻布组合在一起，缝份为0.7cm。再车缝上蕾丝与布标。

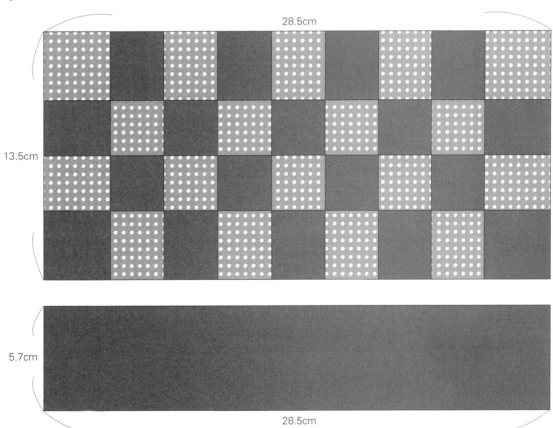

28.5cm

13.5cm

5.7cm

28.5cm

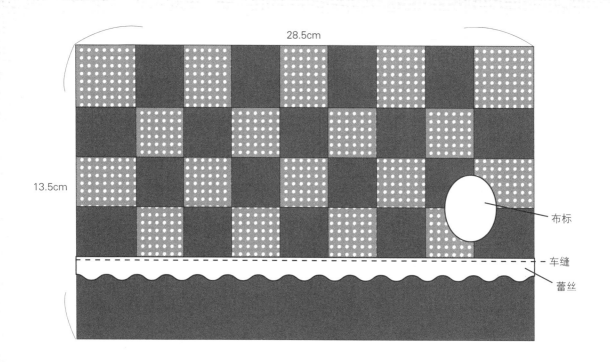

28.5cm

13.5cm

布标

车缝
蕾丝

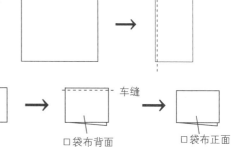

05 将两片22cm×18.5cm书折口布分别背面对背面对
折，距对折线0.2cm处车缝一道固定线。

06 将两片22cm×8.5cm口袋布分别
正面对正面对折，依图示距边
0.5cm处车缝，然后翻回正面。

口袋布正面

车缝

口袋布背面

口袋布正面

07 将两片折好的口袋布分别放在两片书折口布上，
注意方向要左右相反。左右两份对齐后依图示距
边缘0.2cm处车缝。

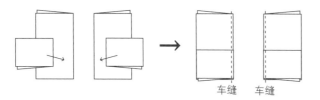

车缝　车缝

08 将两片书折口布、对折好的笔套挂
耳、皮片（可先钉上四合扣）放在里
布正面，在距边缘0.5cm处疏缝固定
位置。

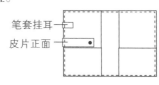

笔套挂耳

皮片正面

09 将表布正面对正面放在里布上方，在距边缘0.7cm处车缝一圈，但要留
10cm返口。翻回正面以藏针缝缝好返口，再在正面钉上四合扣，完成。

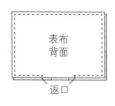

表布
背面

返口

蕾丝布夹（小）

第47页的作品

材料：

表布25cm×13cm 1片
里布25cm×13cm 1片
夹层布A 25cm×12cm 1片
　　　B 80cm×12cm 1片

零钱包表布10cm×10cm 2片
零钱包里布10cm×10cm 2片
扣带布8cm×8cm 1片
拉链10cm 1条

蕾丝片 1片
造型纽扣 适量
四合扣 适量

做法：

 裁剪布料，装饰表布。如果表布较薄，可在背面居中烫上布衬，布衬尺寸23cm×11cm。

02 夹层布B依图示熨烫折叠，实线显露在外，虚线则是凹谷。

夹层布B正面

| 7 | 4.5 | 6 | 4.5 | 6 | 4.5 | 14 | 4.5 | 6 | 4.5 | 6 | 4.5 | 7 |

侧面示意图

03 在夹层布B每条折线距边缘0.2cm处车缝一条直线固定。

04 夹层布A与B正面对正面，上下两边距边1cm处车缝直线，然后翻回正面整烫。

夹层布A背面

夹层布B正面

夹层布A背面

05 夹层布置于里布正面，下缘距边缘0.2cm处车缝直线。如里布较薄，可居中烫上23cm×11cm的布衬。

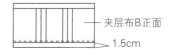

夹层布B正面

1.5cm

06 扣带布内折1cm，然后上下两端各内折2cm再对折，整烫后车缝固定，钉上四合扣。

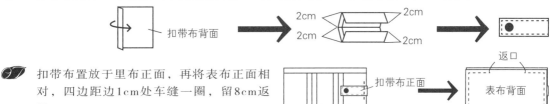

扣带布背面

2cm 2cm
2cm 2cm

07 扣带布置放于里布正面，再将表布正面相对，四边距边1cm处车缝一圈，留8cm返口。

扣带布正面

返口

表布背面

08 由返口翻回正面，藏针缝缝好返口，再在表布正面钉上扣带四合扣另一面。

09 制作小零钱包。请参考蕾丝拉链小方包与圆弧底多用扁包的做法，制作10cm拉链小包。

10 在小零钱包其中一面钉上两个四合扣，再依位置在蕾丝布夹上钉上两个四合扣的另一面，这样小零钱包也可以拆下来使用。

蕾丝布夹（大）

第48页的作品

材料：

表布27cm×13.5cm 1片
里布27cm×13.5cm 1片
口袋布A 10cm×13.5cm 1片
　　　B 11.5cm×13.5cm 1片
夹层表布117cm×12cm 1片
夹层里布27cm×12cm 1片

扣带布8cm×8cm 1片
拉链10cm 1条
蕾丝 适量
四合扣 1对

做法：

 裁剪布料。表布如图示裁开。

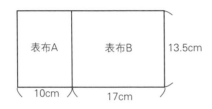

 口袋布A与拉链正面对正面，再叠上表布A，在距边0.7cm处车缝，两片布翻回正面整烫，可再在拉链那边距布缘0.2cm处车缝一道固定线。

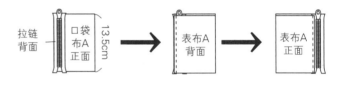

 拉链另一边，口袋布B正面朝上叠上步骤2完成的组合，再叠上表布B，在距边0.7cm处车缝，表布翻回正面整烫，请注意口袋布B的位置是叠在步骤2的组合下面的，表布B可再在拉链那边距布缘0.2cm处车缝一道固定线，而口袋布B请倒向表布A那侧。

 夹层表布依图示熨烫折叠，实线显露在外，虚线则是凹谷。

6	4.5	6	4.5	6	4.5	6	9	24	9	6	4.5	6	4.5	6	4.5	6

05 夹层表布与夹层里布背面对背面，上方用2cm宽的蕾丝对折包覆布边车缝。

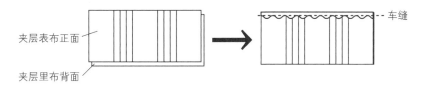

06 扣带布内折1cm，然后上下两端各内折2cm再对折，整烫后车缝固定，钉上四合扣。

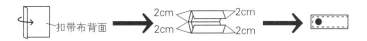

07 如图示次序下缘对齐堆叠布块与扣带布，在距边0.5cm处车缝一圈固定，最后再以滚边条包边。

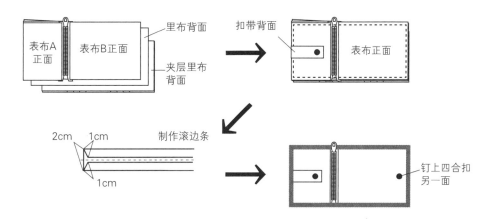

参照原尺寸纸型B面

材料：

表布A 20cm×21cm 1片
　　 B 14.5cm×21cm 1片
里布29cm×21cm 1片
透明软塑料片12×19cm 2片
　　　　　 9cm×19cm 2片

皮片4cm×4cm 1片
蕾丝45cm 1片
鸡眼钉 1个

做法：

 依纸型裁剪布料，若觉得表布与里布偏薄，可烫上布衬，尺寸为不含缝份的纸型，表布A突出的那边内折1cm，将两片花色不同的表布接合在一起（如表布想使用单块布料，也可直接使用里布尺寸裁剪）。

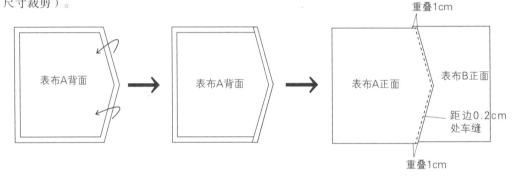

02 依个人喜好装饰表布。

03 表布与里布正面对正面，中间夹入蕾丝，在距边1cm处车缝一圈，要预留10cm返口，由返口翻回正面，以藏针缝缝好返口，整烫。

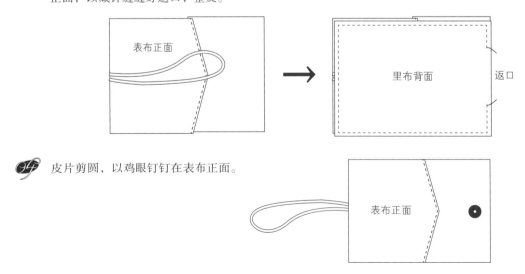

04 皮片剪圆，以鸡眼钉钉在表布正面。

05 四片透明软塑料片一边距边0.5cm处车缝一条直线。

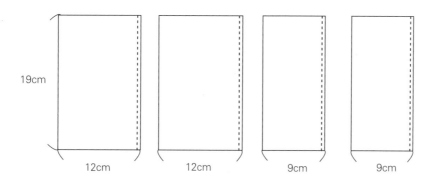

19cm

12cm   12cm   9cm   9cm

06 两片9cm×19cm的透明软塑料片未车缝的那端分别对齐叠在两片12cm×19cm透明软塑料片上方，
中间车缝一道线将两片组合在一起。

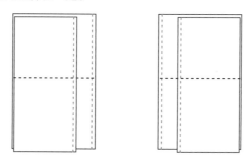

07 两份组合好的透明软塑料片如图示放在里布正面，在距边缘0.2cm处车缝一圈，完成。

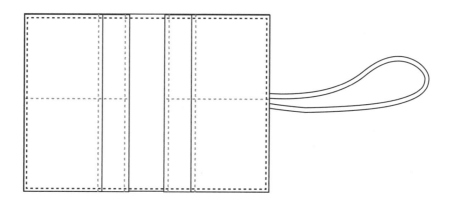

首饰收纳包

第51页的作品

材料：

表布22cm×16cm 1片
里布22cm×16cm 1片
口袋布15cm×16cm 1片
皮革条A14cm×1.5cm 2条
　　　B5cm×1.5cm 2条

丝带50cm 1条
拉链13cm 1条
宽版蕾丝 适量
四合扣 适量

做法：

 裁剪布料，若觉得表布偏薄，可居中烫上布衬，尺寸为不含缝份20cm×14cm。表布车缝上宽版蕾丝，并车缝上丝带，注意丝带车缝法，一边要预留1.5cm不车缝，请参照图示。

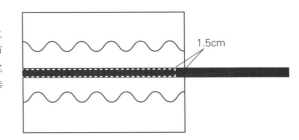

1.5cm

02 口袋布背面对背面对折，对折边距边缘0.2cm处车缝上拉链。

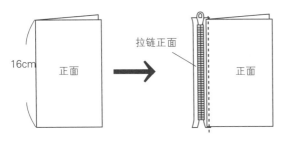

16cm
正面
拉链正面
正面

03 长的皮革条正面每隔1.5cm打小洞，尾端钉上四合扣，短的一端钉上四合扣的另一面。

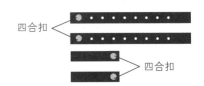

四合扣
四合扣

04 里布正面放上长短扣合在一起的皮革条和口袋，先车缝口袋拉链于里布上，可在距边0.5cm处车缝∏形固定口袋。接下来皮革条上下端在距边0.5cm处车缝固定线。

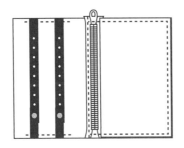

05 表布正面和里布正面对齐，表布正面上的丝带记得要向后翻并藏在要车缝的1cm缝份内，四边距边1cm处车缝，预留7cm返口，由返口翻回正面，藏针缝缝好返口，完成。

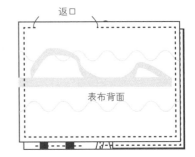

返口
表布背面

蕾丝行李吊牌 第52页的作品 **参照原尺寸纸型A面**

材料：

表布（帆布）9cm×17cm 2片
素色坯布6cm×10cm 1片
宽版蕾丝 适量
鸡眼圈 2个

细皮绳 1条
印泥 适量
丝带 适量

做法：

 依纸型裁剪表布两片，若觉得表布较薄，可烫上布衬（布衬不加缝份依纸型裁剪）。

 可在表布上随意以布用印泥加印章盖上图案装饰。

在素色坯布上用消失笔画出5cm×9cm的长方形，留缝份0.5cm，在长方形内用布用印泥加印章盖出英文。缝份朝背面内折后整烫，将坯布车缝在其中一块表布正面，可再加上蕾丝做装饰。

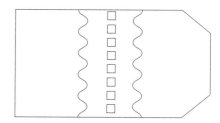

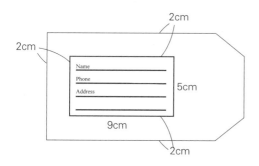

 另一片表布正面车缝上宽版蕾丝，中间可穿入丝带或细皮绳做装饰。

 两片表布正面对正面，车缝一圈，底部要预留返口。修剪缝份，转角处要剪牙口。翻回正面，以藏针缝缝好返口。

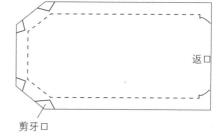

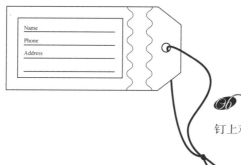

 钉上鸡眼圈，穿上细皮绳，完成。

方形零钱包

第44页的作品

材料：

表布（素色棉麻布）15cm×20cm 1片
里布15cm×20cm 1片
包边条4cm×13cm 2条

拉链12.5cm 1条
蕾丝 适量
织带 适量

做法：

01 裁剪表布与里布各一片，若觉得表布较薄，可烫上布衬。

02 表布绣上小皇冠十字绣，车缝上织带和蕾丝点缀。

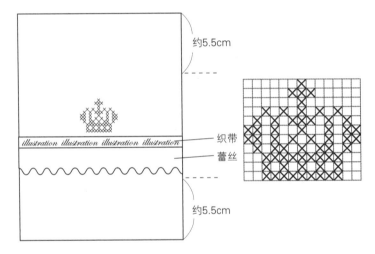

约5.5cm

织带
蕾丝

约5.5cm

03 上下两端距边缘0.7cm处车缝上蕾丝。

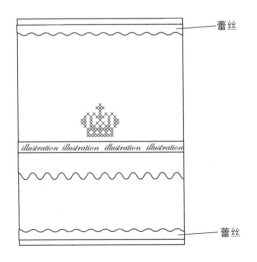

蕾丝

蕾丝

拉链正面与表布正面相对，上方再叠上里布，距边0.7cm处车缝，拉链另一边也以相同方式车缝
另一端的表布与里布，并翻回正面（车缝另一边拉链时建议将拉链拉开，慢慢车缝）。

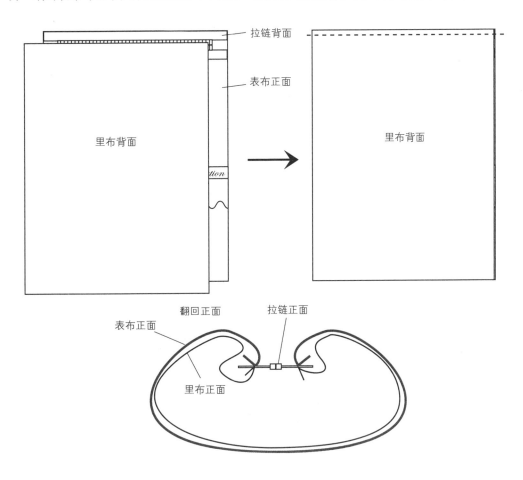

 以拉链为中心上下居中整烫布片。

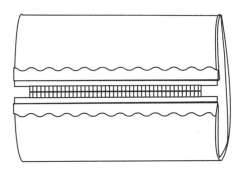

109

 制作包边条。

左右各内折1cm

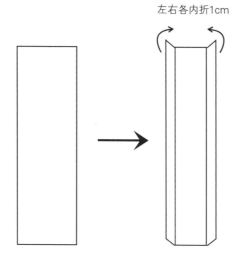

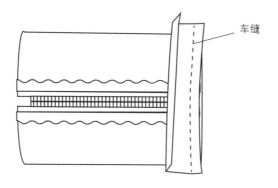 两侧包边，完成。

车缝

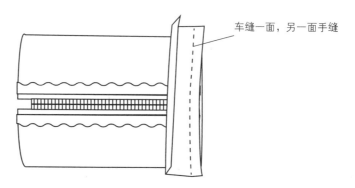

车缝一面，另一面手缝

圆弧底多用扁包

第54页的作品
参照原尺寸纸型A面

材料：

表布15.5cm×16cm 2片
里布15.5cm×16cm 2片
拉链12.5cm 1条

蕾丝片　适量
小兔兔图案　1个
球球饰带　适量

做法：

01 依纸型裁剪表布与里布各两片，若觉得表布较薄，可烫上布衬（布衬不加缝份依纸型裁剪）。

02 依个人喜好装饰表布。

03 表布与里布各拿一块正面对正面，中间夹拉链车缝。拉链另一边拿另一组表布与里布以相同方式车缝。

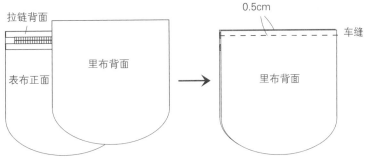

拉链背面
0.5cm
车缝
里布背面
里布背面
表布正面

04 拨至表布整烫，靠近拉链的边缘可在距边0.2cm处车缝一道固定线。

表布正面　表布正面

05 表布正面对正面抓在一起，里布正面对正面抓在一起，拉链倒向表布，在距边1cm处车缝一圈，记得车缝前拉链不能拉上，要在里布留约8cm返口。

表布背面　里布背面　返口

06 由返口翻回正面，以藏针缝缝好返口，完成。

111

怀表零钱包

第45页的作品

参照原尺寸纸型A面

材料：

表布12cm×12cm 2片
里布12cm×12cm 2片
素色坯布7cm×7cm 1片

拉链10cm 1条
蕾丝 适量
织带或皮革片 适量

做法：

 依纸型裁剪表布与里布各两片，若觉得表布较薄，可烫上布衬（布衬不加缝份依纸型裁剪）。

 在素色坯布上用消失笔画出直径6cm的圆圈，在圆圈内用布用印章盖出时钟表面的数字，以油性细签字笔画出长短指针，也可依个人喜好装饰表布。画好后，在缝份上剪出牙口，将缝份沿着消失笔画出的6cm圆圈小心内折，整烫。

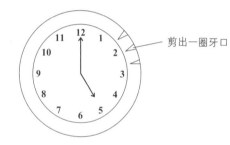

剪出一圈牙口

 将步骤2的怀表表面小心车缝在其中一块表布的正面，然后再沿边缘车缝一圈蕾丝。

 两片表布背面标出上方中心点的记号，拉链也找出中心点，表布正面对拉链正面，距边缘0.5cm处小心车缝，另一片表布也以相同方式车缝。

中心点

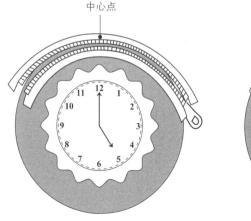

车缝

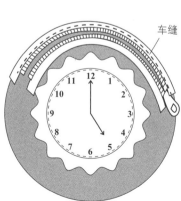

✑ 拉链不要拉上，两块表布正面对正面对齐，可插入4cm对折的织带或皮革片在两片表布中间，从拉链的一端距边缘0.5cm处车缝一圈至另一端，翻到正面。

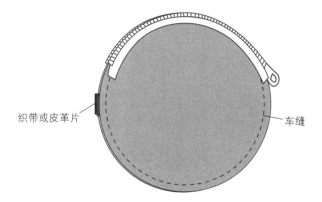

织带或皮革片　　　　　　　　　　　　　　车缝

✑ 将两片里布正面对正面用珠针固定，用缝好的表袋比一下拉链的两端做个记号，在距边缘0.5cm处车缝至另一端，烫开缝份。

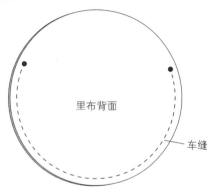

里布背面　　　　　　　　　车缝

✑ 将里袋套入表袋，以藏针缝缝一圈，将里袋缝到拉链布片上，完成。

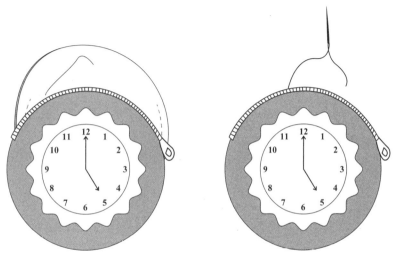

束口袋

第53页的作品

材料：

表布（素色棉麻布）34cm×16cm 1片　　束口布15cm×6.5cm 2片
　　　（人工仿皮布）34cm×6cm 1片　　棉绳45cm 2条
里布34cm×20cm 1片　　　　　　　　　宽版蕾丝　适量

做法：

1 素色棉麻布上可先车缝上宽版蕾丝，再与人工仿皮布接合。

距上缘0.2cm
处车缝

表布正面

人工仿皮布正面

重叠1cm

2 束口布两边朝背面内折1cm，距边0.2cm和0.7cm处车缝，对折。

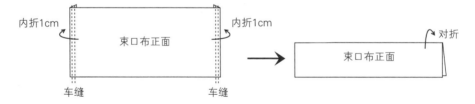

内折1cm　　内折1cm　　对折

束口布正面　　束口布正面

车缝　　车缝

3 将两块束口布依图示放置，开口处与上缘对齐，然后将里布与表布正面对正面对齐，在距边1cm
处车缝。

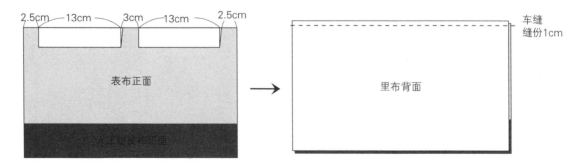

2.5cm　13cm　3cm　13cm　2.5cm

表布正面

人工仿皮布正面

里布背面

车缝
缝份1cm

将里布翻上来，缝份倒向表布，距表布上缘0.2cm处车缝一道固定线。

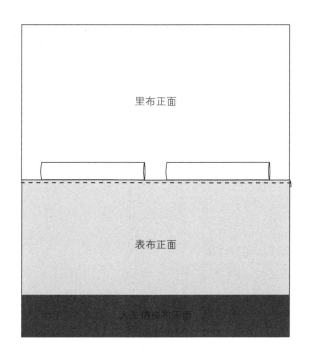

 将步骤4完成的组合对折，在距边1cm处车缝，里布要预留8cm返口。

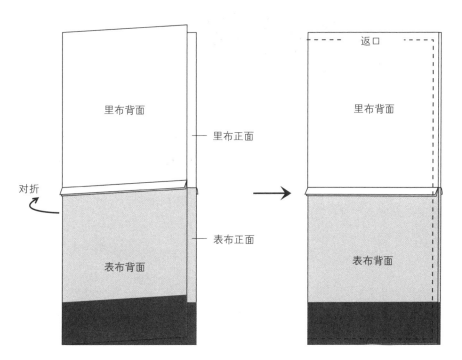

16 四个角抓底车缝，由返口翻回正面，以藏针缝缝合返口。

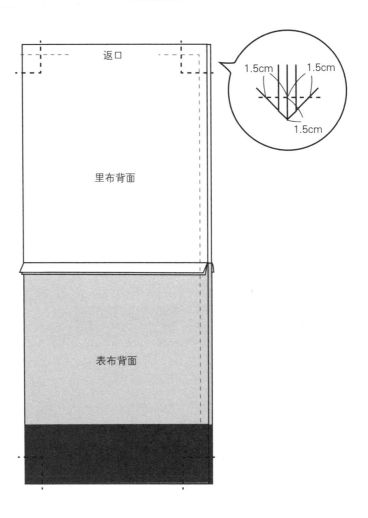

返口

里布背面

1.5cm   1.5cm

1.5cm

表布背面

17 两条棉绳分别穿入束口布里，两端打结，完成。

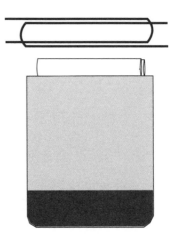

多用途收纳包

第55页的作品　参照原尺寸纸型B面

材料：

表布35cm×22.5cm 1片
里布35cm×22.5cm 1片
拉链口袋布41cm×22.5cm 1片
拉链15.5cm 1条

夹层布A 24cm×22.5cm 1片
　　　B 20cm×22.5cm 1片
　　　C 16cm×22.5cm 1片

插扣 1组

蕾丝　适量
织带　适量
滚边布 适量

做法：

① 裁剪布料，装饰表布，表布无论如何拼接，要裁剪成35cm×22.5cm的尺寸。

② 拉链口袋布正面对正面对折，缝份0.5cm车缝一道直线，翻回正面。

③ 取与拉链相同宽度织带车缝在拉链头尾两端，拉链与织带加起来总长度为22.5cm。

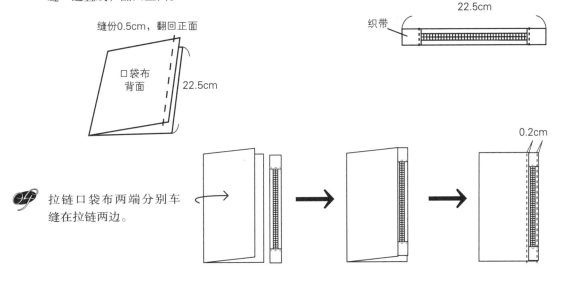

④ 拉链口袋布两端分别车缝在拉链两边。

⑤ 夹层布A、B、C分别背面对背面对折整烫，折线那端可距边缘0.2cm处车缝一道固定线。

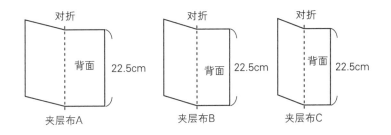

夹层布A　　夹层布B　　夹层布C

06 对折好的夹层布A、B、C开口
处对齐，层叠在一起，车缝两
道直线。

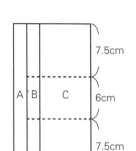

A B C

7.5cm
6cm
7.5cm

07 夹层布与拉链口袋布置于里布正面，并将拉链口袋
布车缝在里布上。距边0.5cm处车缝疏缝线固定夹层
布与拉链口袋布。也可剪一段织带车缝在夹层布与
拉链口袋布中间好插笔。

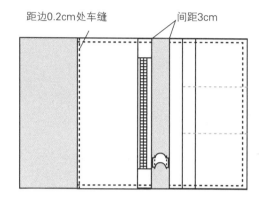

距边0.2cm处车缝   间距3cm

08 表布与里布背面对背面对齐，依纸型修剪弧度，并距边0.5cm处车缝固定线。制作滚边条，四周
滚边，最后在正面钉上插扣，比对位置装上扣台。

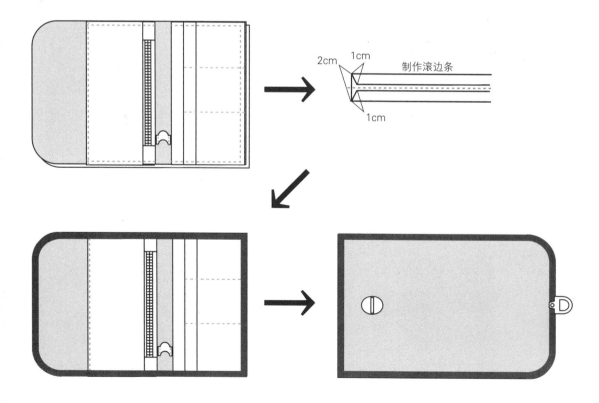

2cm   1cm
制作滚边条

1cm

粉菊条纹围巾

建议使用柔软、不易造成过敏的布料，布料长度要120cm以上，并依个人身高做调整。

材料：

薄棉麻布45cm×150cm
宽版蕾丝 适量

做法：

 将宽版蕾丝一边与薄棉麻布对齐，然后将薄棉麻布对折，以珠针或弹力夹固定。

 在距边0.7cm处车缝一道线，翻回正面，可再装饰一些蕾丝。

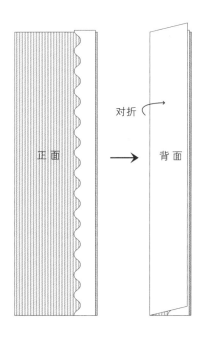

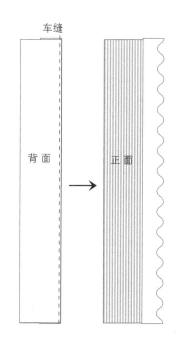

 两端再包上宽版蕾丝车缝，将布边藏起来，完成。

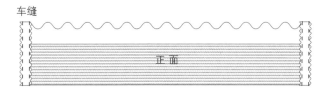

粉蓝二重纱围巾

第57页的作品

材料：

棉纱布50cm × 120cm
大片圆蕾丝 2片

做法：

 将棉纱布正面对正面对折，以珠针或弹力夹
固定。

 如图示距边缘0.7cm处车缝，翻回
正面，另一端以藏针缝缝合。

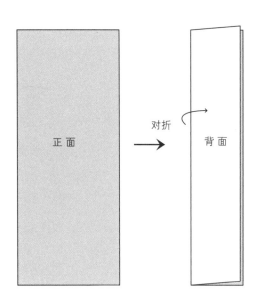

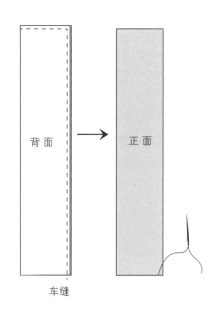

 取大片圆蕾丝手缝在两端，完成。

120